Gouvernement général de l'Algérie.

EXPOSITION GÉNÉRALE

DES

Produits de l'Agriculture et des diverses industries agricoles

A CONSTANTINE

EN 1863

Distribution solennelle des Prix

DIMANCHE 27 SEPTEMBRE 1863

CONSTANTINE

TYPOGRAPHIE VEUVE GUENDE, PLACE DU PALAIS

1863

Gouvernement général de l'Algérie.

EXPOSITION GÉNÉRALE

DES

Produits de l'Agriculture et des diverses industries agricoles

A CONSTANTINE

EN 1863

Distribution solennelle des Prix

DIMANCHE 27 SEPTEMBRE 1863

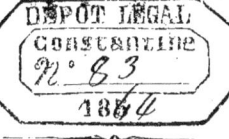

CONSTANTINE

TYPOGRAPHIE VEUVE GUENDE, PLACE DU PALAIS

1863

JURY DE L'EXPOSITION.

M. le PRÉFET DE CONSTANTINE, *Président d'honneur.*

1re SECTION.

Animaux reproducteurs et autres.

Président : M. Darbonnens, conseiller de préfecture, *premier Vice-Président du Jury.*

DEUX SOUS-SECTIONS.

1re sous-section. — *Races bovine, ovine, porcine et animaux de basse-cour.*

MM. Wallet, président de la chambre consultative d'agriculture, maire de Philippeville;
Briquez, vétérinaire civil;
Lavaud, inspecteur de colonisation.

2me sous-section. — *Races chevaline et mulassière.*

MM. De Gressot, chef d'escadron au 3e régiment de chasseurs d'Afrique;
Brunache, propriétaire;
Viardot, vétérinaire militaire.

2ᵉ SECTION.

Machines et instruments agricoles.

Président : M. de Gourgas, membre du conseil général, *deuxième Vice-Président du Jury.*

DEUX SOUS-SECTIONS.

1ʳᵉ sous-section. — *Instruments d'extérieur de ferme.*

MM. Simon, président du comice agricole de Bône ;
Bosquillon de Frescheville, propriétaire à Setif ;
Herse, propriétaire à Constantine ;
De Puibusque, propriétaire à Guelma.

2ᵉ sous-section. — *Instruments d'intérieur de ferme.*

MM. Cauro, président du tribunal de commerce ;
Staïncq, ingénieur des ponts et chaussées ;
Mercadier, professeur de mathématiques au collége de Constantine.

3ᵉ SECTION.

Produits agricoles et matières utiles à l'agriculture.

Président : M. Barnoin, membre du conseil général, président de la chambre de commerce de Constantine, *troisième Vice-Président du Jury.*

Membres : MM. Bruyas, propriétaire à Constantine ;
Bosredon, inspecteur de colonisation ;
Pantin, directeur de la pépinière de Constantine.

COMMISSAIRE GÉNÉRAL.

M. DARBONNENS, *premier Vice-Président de l'Exposition.*

COMMISSAIRES.

MM. SAMSON, membre de la chambre consultative d'agriculture, 1re sous-section de la 1re section.
CHEVALIER, vétérinaire de l'armée, 2e sous-section de la 1re section.
JOFFRE, propriétaire, membre du conseil général, 1re sous-section de la 2e section.
BOURCERET, propriétaire, membre du comice agricole de Constantine, 2e sous-section de la 2e section.
PERCHERON, ancien directeur de la pépinière de Constantine, 3e section.
HÉRAIL, inspecteur de colonisation, attaché à la Direction générale des Services civils. Entrées et service extérieur du Concours.

RÈGLEMENT DE L'EXPOSITION.

Samedi 19 septembre..... — Réception des machines, instruments et produits agricoles.

Dimanche 20 septembre.. — Continuation de la réception des machines, instruments et produits. — Classement et montage.

Lundi 21 septembre....... — Opérations des sous-sections des jurys d'instruments et de la section des produits agricoles.

Mardi 22 septembre....... — Opérations des sous-sections des jurys d'instruments et de la section des produits agricoles.

Mercredi 23 septembre... — Essais publics des instruments, jurys présents. — Prix d'entrée, 50 centimes par personne. — Réception des animaux de sept heures du matin à midi. — Classement des animaux.

Jeudi 24 septembre....... — Opérations des sous-sections des jurys d'animaux.

Vendredi 25 septembre... — Exposition de tout le concours. Prix d'entrée: 50 centimes par personne. — Délibération du jury, toutes sections réunies, pour décerner la prime d'honneur.

Samedi 26 septembre...... — Continuation de l'exposition de tout le concours. — Entrée gratuite.

Dimanche 27 septembre.. — Entrée gratuite. — Distribution solennelle de la prime d'honneur, et des prix et médailles. — Fermeture de l'exposition à six heures du soir.

Les droits d'entrée seront perçus sous la direction exclusive du Commissaire général, et au profit de la ville dans laquelle se tient le concours.

DISTRIBUTION SOLENNELLE
DES PRIX

DIMANCHE 27 SEPTEMBRE 1863.

La cérémonie de la distribution des récompenses décernées à la suite de l'Exposition, commencée à deux heures, s'est terminée vers cinq heures.

M. le Préfet du département de Constantine, Président d'honneur, a ouvert la séance par le discours suivant :

MESSIEURS,

Dans quelques instants, le jury de l'Exposition générale fera connaître ses appréciations sur les objets divers soumis à son examen et proclamera le nom des lauréats désignés par son verdict ; il vous dira, et vous avez pu le constater vous-mêmes, que, malgré certaines circonstances défavorables, l'ensemble de l'Exposition présente des résultats dignes d'être signalés. Le fait seul qu'il ait été possible de réunir les éléments d'une pareille entreprise dans une région ouverte depuis si peu de temps encore à l'expansion de l'activité européenne, n'est-il pas déjà un fait considérable en lui-même ? C'est donc que, si près encore du point de départ, nous avons des progrès à faire constater, des perfectionnement à accuser, des produits nouveaux à étaler au grand jour. En dehors de ces conditions essentielles, tout appel eût été inutile et la mesure décrétée serait restée dans les limbes d'une vaine abstraction, comme tout ce qui n'a point sa raison d'être.

Et en effet, les expositions générales ne sont point un spectacle de simple apparat. Ce sont de véritables congrès où l'intelligence humaine vient passer publiquement la revue de ses forces et faire le décompte de la puissance acquise dans une période donnée.

Là viennent apparaître à la barre de l'opinion publique les résultats de tous les efforts, les conceptions ingénieuses, fruit d'une longue méditation et d'expériences répétées, en même temps que les perfectionnements apportés à une conception première dont ils ont fait une chose presque nouvelle.

Là, parties des divers points de l'horizon, des idées mûries sous des latitudes différentes viennent se présenter aux yeux des mêmes juges. Produits naturels ou industriels, variés dans leurs combinaisons, se donnent rendez-vous pour y subir l'examen de tous et au profit de tous ; et de cette mise en commun de tant de faits et d'idées se dégage bientôt une sorte de température intellectuelle ambiante dont la moyenne va s'élevant chaque jour davantage, suivant un rayon de plus en plus étendu.

Il en est ainsi pour notre Exposition. Un simple coup d'œil suffit pour faire reconnaitre que, dans une certaine proportion, elle remplit les conditions générales : produits anciens réellement améliorés, produits nouveaux demandés à notre terre féconde, instruments auxiliaires de la production, rien ne manquait dans cette enceinte si libéralement préparée par l'hospitalité de l'administration municipale. Dans une contrée nouvelle où l'expérience agricole est loin d'être complète, où l'on est encore à la recherche de toutes les aptitudes du sol, il était bon de créer une arène pacifique où les moins avancés pussent recevoir des plus industrieux et des initiateurs des enseignements qui se répandront partout au profit de l'œuvre commune.

Une institution toute récente qui a pris de rapides développements dans le pays, vient donner à cet échange de leçons une impulsion d'autant plus utile que ses efforts et son action sont permanents. Je veux parler des comices agricoles : par des expositions annuelles, par la constatation continue et l'incessante mise en relief de tous les faits et de tous les procédés nouveaux, les comices agricoles constituent le véritable enseignement mutuel de l'agriculture. Nous venons de voir leur première exposition à Constantine, à Bône, à Sétif; les concours locaux et multipliés qu'ils ouvrent à la production viennent combler heureusement une lacune dans les services rendus par les expositions générales, nécessairement moins fréquentes.

Mais les expositions générales, par suite de leur rareté même et de la solennité qui y préside, sont appelées à remplir un rôle tout particulier : c'est celui de faire au loin un appel retentissant à tous les auxiliaires intelligents de l'agriculture, aux penseurs expérimentés qui recherchent et réalisent le moyen de simplifier le rude travail de la terre et la série des transformations successives de ses produits.

Si je ne me trompe, dans ces derniers jours, c'est de

ce côté surtout que se portaient l'intérêt le plus vif et la curiosité la plus ardente, et cela se comprend : séparés encore des régions voisines par de grandes difficultés de communication, nous n'avons guère eu, il faut bien l'avouer malgré nos regrets, nous n'avons guère eu que nous-mêmes pour spectateurs du fruit de nos labeurs. Or, qui donc parmi nous ne connaissait déjà l'infinie fécondité du sol de notre patrie d'adoption ? Qui donc n'avait confiance dans sa docilité et doutait de ses ressources ? Qui donc parmi nous avait à cet égard de nouvelles croyances à se faire et des preuves nouvelles à demander ?

Ce qui donc, pour nous convaincus, constituait l'intérêt dominant de l'exposition et devait provoquer l'attention du plus grand nombre, c'étaient ces machines de toutes sortes exposées à nos regards, les unes propres à façonner plus énergiquement le sol destiné à recevoir la semence, les autres improvisant économiquement la récolte, d'autres enfin s'emparant de la matière première pour lui faire subir en quelques minutes les préparations intermédiaires, cause autrefois de si grandes dépenses et de si fâcheuses pertes de temps.

Or c'est là, Messieurs, un des plus nobles usages, une des plus saintes applications de l'intelligence humaine. Si, dès le commencement des jours, l'homme a été condamné à manger son pain quotidien à la sueur de son front, il ne lui a pas été défendu de chercher à le rendre moins amer et plus abondant. Il est aussi dans les décrets de la Providence que l'homme ne doit pas être à tout jamais absorbé par ses luttes avec la matière et qu'il lui reste le temps de cultiver son intelligence, cet autre champ où le labour fait aussi couler la sueur du front et où la moisson est aussi pénible que savoureuse.

C'est un signe des temps, un des caractères distinctifs de notre époque, que cette infatigable recherche de tous les moyens de simplification du travail de l'homme par l'asservissement de forces arrachées à leur mystère, et cette incessante poursuite du bien-être à travers les secrets de la nature elle-même. Ces secrets, la nature ne les prodigue point : elle accomplit ses évolutions dans la majesté de sa grandeur, dans la simplicité de ses lois immuables et la sérénité de sa puissance; elle ne va point au devant de la curiosité de l'homme. Quelquefois cependant l'homme, cette faible mais audacieuse créature, l'homme parvient, à force de patience et de travail, à surprendre quelques-uns des secrets de sa mère éternelle; et c'est alors qu'éclatent ces découvertes imprévues qui étonnent le monde par leur simplicité même.

Deux découvertes récentes méritent surtout d'être rappelées dans cette solennité agricole.

Il y a quelques semaines à peine, un érudit dans les choses de la terre, un savant pratique inconnu la veille, mais auquel le talent et la patience de l'observation ont fait un véritable génie et une place marquée parmi les bienfaiteurs de l'humanité, M. Hooibrewck, après avoir étudié les lois qui président aux diverses évolutions des céréales, trouvait et proclamait le moyen certain d'en augmenter le rendement de 50 pour cent.

Avec quelques brins de laine enduits de miel et agités à travers les épis en fleurs, il complète, par une fécondation artificielle, la fécondation naturelle, presque toujours plus ou moins contrariée par des obstacles accidentels; il parvient à opérer de tige à tige, de sillon à sillon, de véritables croisements de races; de telle sorte qu'à peu de frais, presque pour rien, avec une abondance considérablement supérieure, il assure encore aux semences une vitalité plus grande et une vigueur de sève que l'âge ne peut plus épuiser.

Et ce n'est point là une théorie fondée seulement sur des principes abstraits, c'est un fait scientifique contrôlé, démontré par des expériences multipliées qui le mettent hors de conteste. L'Empereur, dont la haute intelligence et la vigilante sollicitude ne négligent rien de ce qui peut améliorer le sort des masses, l'Empereur, après avoir suivi ces expériences de son regard profond, a donné à cette découverte une consécration solennelle en décernant à son auteur la croix de son ordre de la Légion d'honneur, et en prescrivant l'application du procédé dans les domaines de la couronne.

En même temps que le *Moniteur universel* donnait à cette invention une publicité bien méritée, un des membres les plus distingués de l'Académie des sciences, M. Georges Ville, exposait à la docte assemblée une théorie nouvelle des engrais fondée aussi sur des expériences multiples.

D'après ce travail, les semences confiées à la terre n'atteignent leur entier et libre développement qu'à la condition d'y rencontrer tel ou tel élément qui est propre à leur nature spéciale et que la chimie fait connaître; de telle sorte qu'en variant la composition des engrais suivant les nomenclatures qu'on a commencé à dresser d'après cette loi, le cultivateur procédera avec une véritable certitude. Comme le peintre, qui dispose ses couleurs sur la palette pour exprimer toutes les nuances de la pensée sur la toile, il pourra, en donnant à chaque culture l'auxiliaire intime qui lui convient, en assurer le succès indéfini à moins de frais et sans le danger ordinaire du rapide épuisement du sol.

Ces faits sont significatifs, Messieurs ; ils méritent toute l'attention du monde des producteurs. M. le général de division et moi avons l'intention d'en faire et d'en provoquer de sérieuses applications ; mais c'est surtout aux comices agricoles qu'il appartient de propager, d'encourager les expériences. Qu'ils concourent de toutes leurs forces à appeler à nous les indigènes, par le spectacle de travaux plus parfaits, de cultures plus intensives, de procédés plus savants et de produits plus variés, et qu'ils les initient par leur exemple à l'application des découvertes dont la science de la vieille Europe enrichit chaque jour l'agriculture. Appelés par la bienveillante justice de l'Empereur au grand banquet du droit commun, à la libre et distincte propriété de la terre qu'ils cultivaient sans la sécurité qui garantit tout progrès, ils sont trop intelligents pour ne pas voir et ne pas se mêler au mouvement de notre civilisation.

Il est une autre tâche qui incombe aux comices agricoles : il se produit çà et là, dans nos colonies éparses, des luttes silencieuses entre un sol fertile, mais rebelle d'abord, et des hommes énergiques plus nombreux qu'on ne le croit et qui engagent avec lui des combats véritablement héroïques. Je pourrais en citer beaucoup de ceux-là que j'ai vus moi-même à l'œuvre ; j'en ai vu qui, obligés de consacrer les heures du jour à la conquête du pain quotidien de la famille, emploient les heures de la nuit à la conquête d'un héritage pour les enfants. Que les comices agricoles qui vivent au plus près de ces modestes et courageuses existences les recherchent et les signalent. L'administration sera heureuse de contribuer avec eux à primer leurs efforts et à les rendre plus faciles.

Tous, hélas! n'atteignent pas le but; quelques-uns succombent au bord du sillon inachevé. Nous reporterons notre sollicitude sur leurs familles.

L'année qui nous a apporté une si grande abondance des biens de la terre nous a apporté aussi des maladies et des deuils. Ne perdons point courage: l'ennemi que nous avons à combattre n'est point le privilége exclusif de ces régions; il appartient à toute terre que n'ont point assouplie les travaux accumulés de la science de plusieurs générations! Si on n'improvise point l'œuvre des générations, on peut au moins l'activer. Que tout converge donc vers le but! Une vieille inscription tumulaire bien connue et remontant à la première époque de l'occupation romaine en Afrique, nous parle d'une jeune fille morte à l'âge de vingt ans sans avoir jamais eu la fièvre, chose, paraît-il, extraordinaire dans ce temps-là. Des inscriptions de même nature d'une époque moins ancienne font, au contraire, ressortir en grand nombre des cas de longévité extraordinaire. Dans le seul arrondissement de Constantine, un archéologue érudit, chercheur passionné de tout ce qui, dans l'histoire du passé, peut justifier les espérances de l'avenir, a relevé déjà la trace de plus de deux cents colons de race latine plus que centenaires, ayant vécu dans les lieux mêmes que le cours des ans a depuis rendus à la fièvre.

Nous, ouvriers de la première heure, nous sommes la génération qui souffre, parce que nous sommes la génération qui fonde. Tous ici nous avons payé et payons encore de nos personnes. Les uns ont donné leur sang, un sang généreux, dont les flots n'ont point coulé en vain ; d'autres ont donné la sueur de leur front, la santé de leur corps, les méditations de leur pensée : tous quelque chose. Il importe donc moins que nous souffrions, que nous respirions les miasmes délétères des premiers sillons, que nous subissions la première humidité d'un édifice dont nous posons la base, si nous cherchons à conjurer le mal pour l'avenir, si, par notre prévoyance, nous allégeons d'autant la part de ceux qui nous suivent, et si notre pénible initiative rend moins rude celle de nos enfants et des enfants de nos enfants !

PREMIÈRE DIVISION

PRIME D'HONNEUR

Rapport de M. Darbonnens

PREMIER VICE-PRÉSIDENT DU JURY.

MESSIEURS,

L'institution de la prime d'honneur, consacrée par une expérience de huit années, exerce en France la meilleure influence sur les progrès de l'agriculture et la bonne direction des exploitations rurales.

Le but de cette institution est de récompenser les résultats obtenus par le travail, l'intelligence, l'ordre et l'économie; en effet, sans ces qualités réunies, point de prospérité, ni dans le présent, ni dans l'avenir, pour les exploitations agricoles, grandes ou petites.

En rétablissant les expositions générales annuelles dans les trois provinces, le gouvernement de l'Algérie, qui s'occupe avec une si grande sollicitude et une si haute intelligence de tous nos intérêts, ne pouvait laisser notre belle colonie étrangère à ce mouvement.

Le jury de votre exposition a eu à se prononcer, pour la première fois, sur le mérite des différents agriculteurs de la province présentés comme candidats à la prime d'honneur.

Une commission choisie parmi les membres du jury, et présidée par M. Serph, secrétaire général de la direction générale des services civils, a été chargée de visiter les fermes inscrites pour ce concours. Le rapport de cette commission, compte-rendu fidèle de tout ce qu'elle a vu, a été mis sous les yeux du jury, ainsi que les mémoires, plans et pièces justificatives fournis par les concurrents.

C'est sur ces documents que le jury a basé son jugement définitif.

Je regrette bien vivement, Messieurs, de ne pouvoir vous donner connaissance du travail de la commission; travail remarquable par la justesse des appréciations, par une critique sérieuse, raisonnée en même temps que bienveillante, et qui révèle chez ses auteurs les connaissances pratiques les plus étendues; mais les limites du cadre qui m'est tracé ne me le permettent pas et je me bornerai à vous exposer rapidement les conclusions adoptées par le jury.

Sur les cinq fermes visitées par la commission, deux seulement sont appelées à recevoir les récompenses que nous avions à distribuer :

La ferme de Medjez Amar, appartenant à M. Montariol, négociant à Paris, et dirigée par M. Campocasso.

La prime d'honneur est décernée à M. Campocasso.

La ferme du sieur Fages, auquel est décernée une médaille d'or.

Ferme de Medjez Amar.

Cette terre, traversée dans toute sa longueur par la route de Guelma à Constantine, est située à 14 kilomètres de Guelma, entre cette ville et Hammam Meskoutine ; sa contenance est de 488 hectares.

Plusieurs sources peu abondantes suffisent cependant à tous les besoins de l'exploitation.

Lorsque les nouveaux propriétaires en firent l'acquisition au mois de septembre 1861, ils trouvèrent les bâtiments, qui sont considérables, en si mauvais état, qu'ils tombaient presque en ruines ; les terres arables étaient couvertes de jujubiers, de ronces, d'artichaux sauvages; presque tous les oliviers étaient ravagés; de nombreux sentiers coupaient le domaine en tous sens.

Dans cet état d'abandon, une grande insalubrité y régnait toute l'année.

En moins de deux années tout a été transformé; les bâtiments ont été restaurés, et leur installation est bonne, quoiqu'ils aient été construits pour une autre destination; 200 hectares ont été améliorés, les jujubiers défrichés; 6,000 oliviers ont reçu la greffe. Sur ce nombre, 5,000 ont pris et donnent une belle végétation; d'heureux essais de plantation de vigne, de culture de lin, de coton et de tabac ont été faits.

Un jardin maraîcher et d'agrément est très-bien tenu; il est irrigué au moyen de petites sources découvertes et aménagées avec le plus grand soin.

Enfin, conséquence naturelle de tous ces travaux, l'insalubrité a disparu.

Aujourd'hui la ferme est en plein rapport; elle possède 18 chevaux de travail ou de maître, une jument poulinière avec sa suite et 800 têtes de bêtes ovines.

Ces résultats, obtenus en si peu de temps et avec des moyens d'action relativement assez restreints, sont remarquables; ils témoignent d'une direction énergique et intelligente.

M. Campocasso est un homme qui sait et qui veut faire; il possède l'expérience des choses agricoles; il en a donné la preuve dans sa gestion de la terre de Medjez Amar.

Ferme du sieur Fages à Aïoum Saad.

Ce colon, ancien militaire, est établi depuis cinq ans seulement, sur une concession de 42 hectares située sur le territoire de la commune de Condé, section de Bizot, à 2 kilomètres de la route de Philippeville à Constantine.

A force de courage, de résolution, et sans autre aide que sa femme, la dame Fages, il a créé dans cet endroit isolé, où l'on ne peut arriver que par des sentiers à peu près impraticables, une exploitation agricole d'une importance réelle.

Il a construit une maison, en partie creusée dans le roc, une étable, un poulailler, un caveau; il a planté 2,000 arbres fruitiers, mis en culture deux hectares de vigne et créé une excellente prairie naturelle de trois hectares.

Les eaux surabondantes sont utilisées pour alimenter trois fontaines destinées à l'irrigation et aux besoins de l'habitation.

Faisant tout par lui-même et se défiant de ses forces et de ses moyens d'action, le sieur Fages a affermé, moyennant le prix annuel de 600 fr., 35 hectares de terre à un de ses voisins pour la culture des céréales, et il a concentré tous ses efforts et toute son activité sur ses plantations et sa prairie.

La récolte du fourrage lui permet d'entretenir dans un parfait état un troupeau de 11 bœufs ou vaches qui apportent le bien-être dans son intérieur et lui donnent d'excellents engrais.

Fages n'a pas une exploitation agricole complète; cependant il a paru mériter une récompense spéciale. Le jury, appréciant ses efforts et sa courageuse initiative, lui a accordé une médaille d'or pour ses plantations de vignes et d'arbres fruitiers et pour les soins intelligents apportés à sa prairie.

Messieurs, je crains d'abuser de votre attention; permettez-moi d'ajouter quelques mots encore, et je termine.

Notre province de Constantine est la plus grande et la plus riche de l'Algérie; cependant cinq candidats seulement se sont présentés pour la prime d'honneur. Ce chiffre n'est certainement pas en rapport avec celui de toutes les exploitations agricoles qui auraient pu se mettre en ligne. Mais l'œuvre était à son début, et tout début entraîne avec lui des hésitations.

Vous le voyez, Messieurs, il ne s'agit pas seulement de ces grandes exploitations dont l'étendue se compte par centaines d'hectares, de ces résultats exceptionnels qui ne s'obtiennent qu'à l'aide de capitaux considérables; les propriétés d'une étendue moyenne, comme celle du sieur Fages, sont également admises à l'examen des jurys; et les succès, même encore incomplets, acquis par l'intelligence pratique de l'agriculture, par un travail incessant, et aussi par l'ordre et l'économie toujours si indispensables au bon entretien d'une ferme bien dirigée, sont appréciés à leur valeur et reçoivent la récompense qui leur est due.

L'expérience est donc faite pour tous; qu'elle excite votre émulation pour le prochain concours !

DEUXIÈME DIVISION

ANIMAUX REPRODUCTEURS ET AUTRES

Rapport de M. Wallet

MEMBRE DU JURY

Messieurs,

Les membres du jury de la première section, divisée en deux sous-sections, ont l'honneur de vous rendre compte de leurs opérations d'examen et de classement par ordre de mérite des animaux présentés par les exposants.

La première sous-section comprenait les races chevaline et mulassière.

1ʳᵉ Classe. — *Espèce chevaline.*

1ʳᵉ Section. — Juments poulinières suitées.

Les membres du jury regrettent de n'avoir pu exercer leur examen et porter leur choix que sur cinq juments.

Parmi ces cinq juments, une a été mise hors concours parce qu'elle n'était pas suitée.

Le jury a ensuite examiné successivement les quatre autres juments, et a placé immédiatement hors concours, celle inscrite au catalogue sous le n° 4, qui ne présentait point les conditions de race, de force, d'énergie et de distinction qu'on doit rechercher et trouver chez des animaux destinés à être primés.

La jument inscrite au catalogue sous le n° 5, appartenant à l'indigène Mohamed ben Abdallah Gaba, caïd du cercle de Tebessa (Constantine), lui a paru, sans la moindre hésitation, supérieure, et a été classée en première ligne.

Cette poulinière, à laquelle le jury a accordé la médaille d'or et le prix de 500 fr., est près de terre ; sa tête est petite, élégante, très-expressive ; elle a beaucoup de distinction et de sang ; son encolure est belle et bien sortie ; son épaule est longue et oblique ; ses reins sont courts, larges et se marient bien avec la croupe, qui est également large et droite ; la poitrine est profonde ; les membres sont bien musclés, exempts de tares ; les canons sont courts, les tendons secs, larges et bien détachés.

Cette jument ne peut donc imprimer à ses descendants que de bonnes qualités, en raison des caractères prononcés d'amélioration qu'elle présente dans tout son ensemble.

Le deuxième prix, une médaille d'argent et 250 fr., a été accordé à la jument inscrite au catalogue sous le n° 1, appartenant à l'indigène Ali bel Arbi, caïd à Aïn Beïda (Constantine).

Cette jument, malgré la longueur de sa tête, a beaucoup d'expression dans la physionomie; elle est remarquable par l'ampleur et la largeur de ses naseaux, et par ses yeux à fleur de tête. Elle a de la distinction et du sang; sa ligne du dos est bien suivie, ses reins sont courts, son bassin est large, sa poitrine profonde, ses membres sont bien musclés et offrent beaucoup de régularité dans les aplombs.

La médaille de bronze et le troisième prix de 100 fr. ont été mérités par la jument inscrite au catalogue sous le n° 3, appartenant à l'indigène El Hadj Mohamed ben el Hadj Hamed, bach-agha de la Medjana (Constantine).

Cette jument est bien proportionnée; elle réunit à une puissante organisation musculaire, l'élégance et la légèreté; on pourrait lui désirer un peu plus de distinction.

2ᵉ SECTION. — Poulains.

Les membres du jury témoignent hautement leurs regrets de ne voir inscrits au catalogue que deux poulains, lorsqu'à leur connaissance la province de Constantine est riche en bons et beaux chevaux, surtout dans la vaste plaine des Abd el Nour, aux Haractas et dans le Hodna. Cette abstention ne leur semble pas calculée; ils croient que les indigènes n'ont pas suffisamment compris les avantages du concours et qu'ils ont reculé devant les formalités à remplir pour être admis à l'exposition.

Le jury n'a pas cru devoir attribuer de prix aux deux poulains inscrits au catalogue sous les nos 6 et 7.

Ces deux poulains lui ont paru l'un et l'autre beaucoup trop grêles de membres.

3e SECTION. — Pouliches.

La pouliche inscrite au catalogue sous le n° 10, n'ayant pu venir au concours pour cause de maladie, le jury n'a eu à porter son examen que sur les pouliches inscrites sous les nos 8 et 9.

La pouliche inscrite sous le n° 9 n'a pas été jugée digne d'obtenir un prix, en raison de son peu de développement pour son âge et de son manque absolu de distinction.

Le jury a accordé une médaille d'argent et le premier prix de 200 fr. à la pouliche inscrite sous le n° 8, appartenant à l'indigène Abdallah ben Azzouz, du cercle de Bordj bou Areridj (Constantine).

Cette pouliche, malgré une tête un peu forte, a beaucoup de distinction et de cachet; elle est bien suivie; sa ligne du dos et des reins ne laisse rien à désirer; sa croupe, comme celle des chevaux du pays où elle est née, est un peu courte et avalée; la poitrine est élevée et profonde; les membres sont bien musclés, exempts de tares et réguliers dans leurs aplombs.

2° Classe. — *Espèce mulassière.*

Aucun animal de cette espèce n'ayant été inscrit au catalogue, le jury n'a eu à décerner ni prix, ni médailles.

Juments hors concours.

Le jury a ensuite examiné les juments placées hors concours, et, sur six juments qui lui ont été présentées, il a cru devoir proposer d'accorder : 1° une mention très-honorable à l'indigène Bou Akkas ben Achour, pour deux juments grises très-étoffées, très-distinguées, sans tares, dont l'une, âgée de cinq ans, était suitée, et l'autre, âgée de neuf ans, était prête à pouliner.

2° Une mention honorable à l'indigène Amar ben Chadi de Telarma, pour une jument baie, âgée de sept ans. Cette jument a beaucoup de race et de distinction; elle est remarquable par ses belles lignes et son élégance, ses membres bien musclés, ses tendons forts et bien détachés. Cette jument, qui a été primée au comice agricole de 1859, aurait, sans le moindre doute, obtenu un prix si elle avait été inscrite au catalogue.

3° Une mention honorable à Hassen ben Ahmed, du Kroubs, pour une jument baie âgée de six ans. Cette jument, malgré une tête ordinaire, a du cachet; elle est bien proportionnée; son bassin est large, ses membres sont exempts de tares et réguliers dans leurs aplombs.

Poulains (hors concours).

Le jury a accordé une mention honorable à l'indigène Lalla ben Rennouchi, de Telarma, pour un poulain noir mal teint, âgé de 32 mois, présentant de la distinction et une belle poitrine. Ce poulain a obtenu en 1863 les primes de cercle et d'arrondissement.

Pouliches (hors concours).

Sur six pouliches hors concours, le jury en a éliminé cinq comme ne remplissant pas les conditions du programme, et a accordé une mention honorable à l'indigène Chérif ben Djali, de Telarma, pour une pouliche gris foncé, âgée de trois ans. Cette pouliche a du sang et de l'espèce; elle est élégante, bien suivie, remarquable par l'ampleur de son bassin et de sa poitrine, et par la largeur de ses articulations.

Baudets reproducteurs (hors concours).

Le jury a cru devoir accorder une mention honorable au seul baudet présenté hors concours, appartenant à l'indigène Laïfa beni Khelef, de Telarma.

Ce baudet, âgé de 5 ans, bai, raie de mulet, cruciole, est construit en force et en énergie; il a une bonne ligne du dos, des membres solides, bien musclés, et présente toutes les qualités qu'on doit rechercher chez les animaux de l'espèce.

La deuxième sous-section comprenait les espèces bovine, ovine, porcine et les animaux de basse-cour.

3ᵉ CLASSE. — *Espèce bovine.*

1ʳᵉ catégorie.

Race indigène.

1ʳᵉ SECTION. — Taureaux.

Sur six taureaux inscrits au catalogue, deux ont dû être écartés du concours pour constitution grêle et ne pouvant donner que de médiocres produits; la commission a dû se prononcer sur quatre concurrents qui, après examen, ont donné le résultat suivant :

Le premier prix, une médaille d'argent et 40 fr., a été décerné au n° 13 du catalogue, appartenant à M. Ribes Jean, à Fesdis (Constantine). Ce prix est basé sur les qualités suivantes : Taureau gris foncé, âgé de 3 ans 1/2, tête et encolure belles, médiocrement développées, dos un peu concave, poitrine ample, côte ronde, train postérieur bien conformé, membres bons et bien d'aplomb, peau fine, caractères lactifères transmissibles bien marqués.

Le second prix, une médaille de bronze et 300 fr., accordé au n° 16, appartenant à M. Rimbert Jules, de l'Oued Dekri (Constantine), pour les qualités suivantes : Robe gris clair, âgé de 3 ans 1/2, tête belle, encolure forte, corps régulier et bien conformé, membres courts et forts, peau épaisse, aptitudes au travail.

Le troisième prix, une médaille de bronze et 200

fr., au n° 14, appartenant à Si Tsar ben Srir, de la Smala d'Aïn Abessa, cercle de Setif (Constantine). Taureau gris foncé, âgé de 3 ans 1/2, tête médiocre, encolure fine, ligne supérieure bien soutenue, poitrine assez ample, côte un peu plate, membres bons, peau fine, caractères lactifères assez développés.

Une mention honorable a été décernée à M. Cavin Louis, du Khroubs (Constantine), pour un taureau très-bien conformé, mais ne pouvant produire que les qualités de force pour le travail.

2ᵉ SECTION. — Vaches.

Sur 45 vaches inscrites au catalogue, et dans lesquelles figurent deux lots, l'un de 10 vaches et l'autre de 5, classés hors concours, le jury avait donc à se prononcer sur trente inscriptions, sur lesquelles 14 seulement ont été présentées à son examen. En conséquence, le premier prix, médaille d'argent et 200 fr., a été décerné au n° 24, appartenant à M. Marroc Marius, vallée du Bou Merzoug (Constantine), pour les qualités reconnues et désignées ci-après : Vache brun clair, âgée de 6 ans, taille assez développée, tête et encolure petites, ligne supérieure horizontale, poitrine ample, croupe large, bassin développé, membres bons, peau fine, mamelles assez grandes, trayons longs, veines mammaires grosses, sinueuses, écusson assez étendu.

Le second prix, médaille de bronze et 100 fr., au n° 57, appartenant à M. Cavin Louis, pour une vache grise, âgée de 3 ans, taille moyenne, belle conformation, caractères lactifères bien développés.

Le troisième prix, médaille de bronze et 50 fr., au n° 18, appartenant à M. Fages Barthélemy, de Bizot, pour une vache âgée de 6 ans, robe marron, d'une petite taille, mais d'une belle conformation et ayant les caractères lactifères bien développés.

Mention honorable au n° 25, appartenant à M. Ménéroud Régis, au Khroubs (Constantine), pour une vache rouge, âgée de 3 ans 1/2, forte, bonne conformation, et son aptitude à la production du lait.

Les n°s 20, 21 et 22, appartenant à M. Lalanne Jean-Justin, à Bizot (Constantine), ont mérité une mention honorable. Ces trois vaches offrent de beaux caractères lactifères, mais sont de trop petite taille et de faible conformation.

3e SECTION. — Génisses.

8 génisses étaient inscrites au catalogue; 7 seulement ont été présentées; le n° 65, appartenant à M. Marroc Marius, a obtenu le premier prix, une médaille d'argent et 150 fr. Cette génisse rouane, âgée de 20 mois, a une taille élevée, tête et encolure petites, ligne supérieure bien soutenue, train postérieur très-développé, signes lactifères bien caractérisés.

Le second prix, une médaille de bronze et 100 fr., a été décerné au n° 62, appartenant au sieur Fages Barthélemy; cette génisse, gris de fer, âgée de 20 mois, réunissant les qualités d'une bonne conformation et de la vache laitière.

Le troisième prix, une médaille de bronze et 50 fr., a été accordé au n° 66, appartenant à M. Messerlig Chrétien, à Bizot (Constantine), pour une génisse marron, âgée de 20 mois, ayant plus de taille que le n° 62, mais dont les signes lactifères sont moins prononcés.

Les n°ˢ 67 et 68, appartenant à M. Ribes Jean, ont mérité une mention honorable pour leur belle et bonne conformation.

2° catégorie.

Races de toute provenance

1ʳᵉ SECTION. — Taureaux de race laitière.

11 taureaux ont été inscrits au catalogue; six seulement ont été présentés, sur lesquels deux de race Ayr étaient hors concours; aussi, parmi les quatre restants, le jury a cru qu'il n'y avait pas lieu de délivrer le premier prix.

Le deuxième prix, médaille de bronze et 200 fr., a été décerné au n° 70, appartenant à M. Estrade Joseph, de Gastonville (Constantine).

Ce taureau, de race Schwitz indigène, rouge clair, âgé de 3 ans 1/2, élevé sur membres, a une conformation régulière et des caractères lactifères assez développés.

Le jury n'a pas accordé d'autres récompenses dans cette section, parce que les sujets exposés, de race Schwitz ou dérivée, sont trop développés ou décousus, ne pouvant avec la vache indigène donner que des produits très-médiocres et de peu d'avenir.

4ᵉ CLASSE. — *Espèce ovine.*

1ʳᵉ catégorie.

Race mérinos pure.

1ʳᵉ SECTION. — Béliers.

4 béliers, de race mérinos pure, étaient inscrits au catalogue et ont été présentés.

Le premier prix, une médaille d'argent et 200 fr., a été décerné au n° 102, appartenant à M. Marnat-Vernadel Guillaume, à Constantine, pour un bélier blanc, âgé de 18 mois, dont le lainage est de très-belle et bonne qualité.

Le deuxième prix, une médaille de bronze et 100 fr., est décerné au n° 100, appartenant à M. Duchange Joseph, au Khroubs (Constantine), pour un bélier blanc, âgé de 5 ans, pour sa belle conformation et la finesse de sa laine.

2e SECTION. — Brebis par lots de 10.

Deux lots ont été présentés au jury, sur lesquels un était hors concours; restait le n° 107, que le jury n'a pas jugé digne d'être récompensé, comme ne remplissant point les conditions du programme.

2e catégorie.

Race indigène.

1re SECTION. — Béliers indigènes.

6 béliers étaient inscrits au catalogue. Un était hors concours; le jury avait donc à se prononcer sur les 5 admis.

Le premier prix, une médaille d'argent et 200 fr., a été décerné au n° 114, appartenant à M. Percheron, à l'Oued Yacoub (Constantine), pour un bélier blanc, âgé de 4 ans, réunissant les qualités d'une belle conformation avec une laine remarquable.

Le deuxième prix, une médaille de bronze et 100 fr., a été décerné au n° 113, appartenant à M. Rimbert Jules, pour un bélier blanc, âgé de 20 mois, de forte constitution.

Mention honorable à l'indigène Ali ben Hameida, de la Smala d'Aïn Abessa, cercle de Setif (Constantine), pour le n° 109, bélier blanc, âgé de 2 ans 1/2, d'assez bonne conformation.

2ᵉ SECTION. — Brebis par lots de 10.

Six lots ont été inscrits au catalogue; deux seulement ont été présentés.

Le premier prix, médaille d'argent et 200 fr., a été décerné au n° 119, appartenant à M. Rimbert Jules; brebis âgées de 2 à 3 ans, possédant une très-belle qualité de laine, de belle et bonne conformation.

Le deuxième prix, une médaille de bronze et 100 fr., a été accordée au n° 120, appartenant à M. Percheron, pour brebis de 4 ans environ, de belle conformation, possédant une laine belle et uniforme.

3ᵉ catégorie.

Métis croisés.

SECTION UNIQUE. — Brebis par lots de 10, nées chez l'exposant.

Trois concurrents étaient inscrits au catalogue; un seul s'est présenté.

1ᵉʳ prix, médaille d'argent et 200 fr., décerné à M. Duchange Joseph, pour ses brebis, âgées de dix à dix ans 1/2 environ, présentant de belles qualités sous le rapport de la conformation et de la laine.

5ᵉ Classe. — *Espèce porcine.*

1ʳᵉ catégorie.

Races diverses.

1ʳᵉ Section. — Verrats.

Deux verrats étaient inscrits au catalogue.

Le prix unique, une médaille et 100 fr., a été décerné au n° 124, appartenant à M. Rimbert, pour un verrat noir pie, âgé de 19 mois, ayant pour qualité une charpente bien développée, ainsi que la tête, le dos et les reins larges.

Une mention honorable est accordée au n° 125, appartenant à M. Marseille Joseph, au Kroubs (Constantine), pour un verrat blanc, âgé de 14 mois, qui présente une belle conformation.

2ᵐᵉ Section. — Truies suitées.

Cinq truies suitées ont été inscrites au catalogue; deux seulement ont été présentées.

Le prix unique, médaille d'argent et 100 fr., a été décerné au n° 129, appartenant à M. Marseille Joseph, pour une truie suitée de six petits, âgée de 19 mois, belle conformation et présentant tous les caractères de bonne reproduction.

2ᵉ catégorie.

Races anglaises.

1ʳᵉ Section. — Verrats.

Un seul verrat a été présenté, l'autre étant hors de

concours. Le prix unique, médaille d'argent et 100 fr., a été décerné au n° 132, à M. Rimbert pour un verrat blanc de race anglaise d'une conformation magnifique charpente osseuse peu développée, corps long et bien contourné

2me SECTION. — Truies suitées.

Le prix unique, une médaille d'argent et 100 francs, a été attribué à M. Rimbert, de l'Oued Dekri.

6° CLASSE. — *Animaux de basse-cour.*

Six exposants s'étaient fait inscrire au catalogue, un étant hors concours, les membres du jury n'ont eu à se prononcer que sur les douze lots des cinq exposants appelés à concourir.

Ces lots de diverses espèces d'animaux de basse-cour ont été classés par ordre de mérite et de la manière suivante :

1° Une médaille de bronze et 100 fr., à M. Grivet, du Kroubs (Constantine), pour deux magnifiques lots.

2° Une médaille de bronze et 90 fr., à M. Fages, pour deux lots très-beaux.

3° Une médaille de bronze et 75 fr., à M. Marroc, pour trois lots d'espèces différentes d'une très-belle qualité.

4° Une médaille de bronze et 60 fr., à M. Schneider, pour un coq et poules cochinchinois, d'une très-belle qualité.

5° Une médaille de bronze et 50 fr., à M. Lalanne, pour deux lots d'espèces différentes.

6° Une médaille de bronze et 25 fr., à M. Cavin, pour un lot de canard et canes indigènes d'une belle qualité.

Les membres du jury de la 1re section, tout en regrettant les abstentions qui se sont produites à cette exposition, espèrent pourtant qu'à l'avenir les exposants mettront plus d'empressement à répondre aux désirs de l'administration supérieure, qui ne veut que le bonheur et la prospérité de notre beau pays de l'Algérie ; aussi les membres du jury adressent-ils leurs plus sincères remercîments aux exposants de ce jour, et font-ils des vœux pour que, dans l'avenir, leur bon exemple soit suivi par un plus grand nombre.

TROISIÈME DIVISION

MACHINES ET INSTRUMENTS AGRICOLES

Rapport de MM. Simon et Mercadier
MEMBRES DU JURY

Messieurs,

Le jury chargé des machines et instruments d'extérieur de ferme doit, en commençant, exprimer ses regrets que l'arrêté de M. le Gouverneur général ne lui ait pas permis d'admettre au concours, pour des motifs de déclarations tardives ou autres, l'exposition de M. Campocasso, de Medjez Amar (ferme Montariol), et de MM. de Ruzé et Samson (ferme Chirat, à Constantine).

Ces deux exposants ont produit chacun une collection complète d'instruments et machines qui fonctionnent sur leurs fermes et qui sortent des meilleures fabriques. Le jury se serait plu à décerner un prix au semoir anglais, système Garette, dont les avantages ont été si bien constatés dans les cultures de M. Campocasso à Medjez-Amar.

EXPOSANTS DE L'ALGÉRIE.

Machines à élever l'eau.

Plusieurs machines à élever l'eau étaient exposées et ont fonctionné devant nous, et toutes avec avantage.

La pompe d'épuisement et à élever l'eau par simple aspiration, exposée par M. Perrin, de l'Agha (Alger), présente, outre une bonne exécution dans toutes ses parties, un perfectionnement remarquable dans le piston aspirateur (système Letestu). Nous regrettons que l'élévation du prix en rende la propagation difficile. Cette machine ayant été récompensée par une médaille d'argent au concours d'Alger, le jury n'a pu que lui accorder un rappel de ce prix.

Le jury a décerné au même exposant le deuxième prix des machines à élever l'eau, pour une pompe fixe d'un modèle nouveau, à la fois puissante et d'un placement facile.

Charrues.

Des charrues exposées, on peut dire que la plupart sont bonnes, étant des copies plus ou moins heureuses de celles de nos premiers maîtres. Les essais faits sur le terrain, sans avoir pu être parfaitement concluants, ont cependant témoigné de la supériorité de la charrue avant-train Dombasle, cataloguée sous le numéro 44, à laquelle le premier prix a été décerné.

Le deuxième prix a été mérité par la charrue de M. Bannerot, de Rivoli, inscrite sous le numéro 5, et le troisième par celle numéro 18, de M. Daru, à Chebli (Alger).

Une mention très-honorable a été décernée à la Smala d'El Meridj, près Tebessa (Constantine), M. le capitaine Alviset, commandant, pour sa charrue provenant de la colonie de Mettray ; et une mention honorable à M. François, de Beni-Mered (Alger), pour ses charrues numéros 85 et 86.

Charrues sous-sol.

Les charrues sous-sol ou fouilleuses commencent à être employées avec un grand avantage dans la province. On s'en est servi avec beaucoup de succès à la ferme de Medjez-Amar pour la plantation de la vigne.

Celle de M. Fawtier, de la fabrique Dombasle (numéro 42 du catalogue), a paru répondre le mieux au but désiré.

Charrues vigneronnes.

Le prix unique pour cet instrument a été mérité par

la vigneronne de la colonie de Mettray, présentée par la Smala d'El Meridj, déjà nommée. Elle est cataloguée sous le numéro 136.

Une mention honorable a été décernée à M. Bannerot, déjà nommé, pour sa charrue vigneronne numéro 2.

Extirpateur ou scarificateur.

L'extirpateur ou scarificateur Dombasle présenté par M. Fawtier, de Constantine, a parfaitement fonctionné; nous devons en recommander l'emploi.

Herses.

Parmi les herses exposées, on remarquait celles dites *articulées*, en fer, qui se ploient facilement à toutes les formes du terrain. Un ingénieux système de clavettes constitue une amélioration réelle en permettant d'enlever ou d'ajouter aisément de nouvelles rangées de dents.

Rouleaux.

Aucun rouleau ne figurait au nom des concurrents d'Algérie.

Semoirs.

Aucun semoir ne figurait non plus au nom des concurrents; mais un semoir anglais très-remarquable faisait partie de la collection de M. Campocasso (hors concours).

Houes à cheval.

Les houes à cheval étaient nombreuses; celles du

système Dombasle nous ont paru d'un mérite supérieur.

Buttoirs.

Le buttoir Dombasle présenté par M. Fawtier, de Constantine, mérite l'attention des agriculteurs.

Machines à faucher les prairies naturelles et artificielles.

Seule, celle de M. Campocasso figurait à l'exposition (hors concours).

Rateaux à cheval.

Il en était de même pour le râteau à cheval, corollaire naturel de la faucheuse.

Moissonneuses.

La même observation s'applique aux moissonneuses

Harnais.

Il n'y avait rien de notable sur ce point.

Collection d'instruments à main.

Les collections d'instruments à main ne présentaient rien de remarquable.

Pompe à purin.

Une pompe à trépied très-simple, exposée par M. Perrin, de l'Agha, déjà nommé, est d'un emploi commode pour l'arrosement des fumiers et l'élévation des eaux sales.

Ruches.

M. Bœnsch, de Kouba (Alger), a exposé une ruche d'un grand mérite, déjà très-appréciée en France; le jury lui a décerné le prix unique institué pour cet objet.

Une collection d'instruments agricoles de bonne construction et en parfait état a été exposée par M. Lalanne, colon à Bizot (Constantine). Bien que personne ne se soit présenté pour en faire l'essai sur le terrain, le jury croit devoir appeler sur cette collection l'attention des cultivateurs et lui décerner une médaille d'argent.

Le jury doit également faire remarquer le tombereau de Mettray, exposé par la Smala d'El Meridj, déjà nommée. L'addition de ridelles très-développées permet de l'utiliser facilement comme charrette ordinaire. Le jury accorde à la Smala d'El Meridj une médaille de bronze pour cette importation.

EXPOSANTS HORS L'ALGÉRIE.

Le nombre des instruments qui ont réellement concouru était faible en comparaison de ce qui avait été annoncé : le jury n'a pas à constater de nouveaux instruments ; mais des améliorations sérieuses apportées aux principales machines les rendent d'un usage de plus en plus pratique.

La maison Meugnot, de Dijon, si connue des agriculteurs, avait exposé hors concours; c'est pour cette seule cause que le jury, tout en appréciant l'importance et le mérite de ses instruments, n'a pu, à son grand regret, la mettre au nombre de ses lauréats.

Machines à élever l'eau.

Les machines à élever l'eau présentées par M. Peltier jeune, de Paris, ont fonctionné avec une grande puissance. La commission lui a décerné le premier prix; elle regrette qu'elle n'ait pas eu de concurrents.

Charrues.

La seule charrue d'un système complétement nouveau qui ait été essayée par le jury est celle du système Congoureux, présentée par M. Peltier, de Paris. Bien que cette charrue ait parfaitement accompli son travail d'essai, le jury, considérant qu'elle manque encore de solidité et que les réparations n'en sauraient être faites aisément partout, n'a pas cru devoir la recommander par une de ses premières récompenses.

La charrue présentée par M. Cazeaux, et qui a mérité le premier prix, a des manchons et une chaîne d'attache un peu trop faibles, défectuosité facile à corriger.

Parmi les instruments venus de France et méritant le plus d'attention est la faucheuse-moissonneuse de M. Peltier jeune. Ce constructeur émérite perfectionne sans cesse cet instrument, qui a atteint un caractère pratique remarquable; il a fonctionné devant nous dans un champ de luzerne et a accompli un travail parfait. Nous ne saurions trop le recommander.

La commission chargée de juger les instruments d'intérieur de ferme a constaté l'absence de tout ce qui se rattache au drainage, aux pressoirs et aux locobatteuses à vapeur.

M. Bichot, de Philippeville, a obtenu une médaille d'or pour une locomobile à vapeur inscrite sous le numéro 14.

Parmi les nombreuses batteuses à manége, celles de M. Fawtier, numéro 48, et de M. Maréchaux, numéro 197, ont obtenu chacune une médaille d'or; celle de M. Gentil, inscrite sous le numéro 103, a obtenu une mention honorable. — Une médaille d'argent a été accordée à M. Damey pour sa batteuse inscrite sous le numéro 179. — Les trois premières machines, quoiqu'elles ne vannent ni ne criblent comme la quatrième, doivent lui être préférées, parce qu'elles sont d'un prix moins élevé et que leur manége, indépendant de la batteuse, peut servir à mettre en mouvement plusieurs autres machines de la ferme.

Pour les tarares, MM. Guigue, Peltier jeune, Presson et Tamé, inscrits sous les numéros 105, 202, 223 et 138, ont été jugés dignes de récompenses.

M. Presson a présenté deux cribles-trieurs qui ont trouvé plusieurs acheteurs depuis le commencement de l'exposition; déjà primé à Alger pour son grand modèle, M. Presson a obtenu la médaille d'argent pour son petit modèle, inscrit sous le numéro 224. Une médaille de bronze a été décernée à M. Chevalier pour un crible-trieur inscrit sous le numéro 15.

M. Leconte a exposé, sous le n° 190, une machine à

broyer et à teiller le lin qui ne laisse rien à désirer du côté du travail, mais dont le prix ne la rend propre qu'a la grande culture. Une médaille d'argent lui a été décernée.

Plusieurs coupe-racines et hache-paille ont fonctionné très-avantageusement devant la commission; des médailles de bronze ont été accordées à MM. Presson et Fawtier pour leurs coupe-racines, inscrits sous les numéros 228 et 222, et à MM. Lalanne et Peltier jeune pour leurs hache-paille, inscrits sous les numéros 115 et 212.

Deux barattes seulement ont été exposées ; celle de M. le capitaine Alviset a obtenu la médaille de bronze.

L'égrenoir à maïs de M. Cazeaux, inscrit sous le numéro 176, a obtenu la médaille de bronze, et celui de M. Campocasso, hors concours, a été jugé digne d'une mention honorable.

Plusieurs égreneuses à coton figurent à l'exposition ; une médaille de bronze a été décernée à M. Nielli, de Philippeville, pour une machine américaine. Cette machine a le défaut de briser le coton, tout en l'égrenant; d'un prix trop élevé, elle est impropre à la petite culture. M. Durand a obtenu une médaille de bronze pour une égreneuse inscrite sous le numéro 180, quoiqu'elle paraisse être un perfectionnement de celle de M. Monteil, elle lui est inférieure. Enfin, M. Monteil, déjà primé à Alger, a présenté deux égreneuses ; il a obtenu une médaille d'argent pour son petit modèle, inscrit sous le numéro 127. Cette machine, qui sert pour le coton longue-soie et pour le coton courte-soie, ne coûte que 100 fr. et ne demande pas un mètre carré d'emplacement. Grâce à elle, des milliers de petits colons, en travaillant pour leur compte ou pour celui de grandes compagnies, trouveront à gagner le supplément nécessaire aux bénéfices que leur donnera l'agriculture.

Une médaille d'or a été accordée à M. Torri fils, inscrit sous le numéro 141, pour une bascule perfectionnée qui peut servir à peser des poids très-élevés. Il serait à désirer que les grandes fermes eussent cette bascule.

M. Mercadier, professeur de mathématiques et de physique au collége de Constantine, a obtenu, hors concours, une mention très-honorable pour un instrument de précision qui est appelé à rendre de très-grands services à l'agriculture, en ce qu'il permettra aux colons de vérifier avec certitude et de lever avec précision un plan quelconque.

QUATRIÈME DIVISION

PRODUITS AGRICOLES ET MATIÈRES UTILES

A L'AGRICULTURE.

Rapport de M. Pantin

MEMBRE DU JURY

MESSIEURS,

L'agriculture, le commerce et l'industrie, personnifiés dans leurs chefs ou leurs ouvriers, recevront dans un moment les récompenses que le jugement du jury leur décerne.

Cette cérémonie est la fête du travail. Elle prouvera par ses résultats qu'il n'y a pas de labeur si humble qui n'y ait sa place marquée, de cultivateur assez modeste ni assez caché pour que ses services échappent à l'œil de la colonie reconnaissante.

Un simple coup d'œil jeté sur les étagères qu'embrasse la 3me section suffit pour constater cette vérité : *Qu'ici chacun est voué au culte du travail.* Pas de place pour l'oisiveté ou la paresse. Tous travaillent avec énergie et courage, depuis le laboureur et l'ouvrier jusqu'à ces éminents industriels dont les produits doivent à bon droit frapper les regards, attirer l'attention.

Si, à une époque déjà éloignée de nous, l'Algérie s'est présentée avec modestie, disons plus, avec timidité, il faut bien reconnaître que, forte d'elle-même, elle s'est révélée tout entière à l'exposition universelle de Londres, en 1862.

Ses richesses, aussi nombreuses que variées, se sont montrées sous toutes leurs faces aux nations étonnées.

Nous n'hésiterons pas à dire qu'elle est restée aujourd'hui à la hauteur de ses traditions, et le jury est heureux de pouvoir constater hautement la marche toujours ascendante de ses efforts.

Il lui reste malheureusement un regret à exprimer :

C'est que l'insuffisance des récompenses mises à sa disposition ne lui ait pas permis de couronner quelques produits qui auraient mérité pourtant d'être primés.

La section dont nous avons à nous occuper résume en partie toutes les forces productives de la colonie. Chacun de nous peut retrouver ici, et les apprécier à leur véritable valeur, ces produits aussi remarquables que nombreux qui ont placé l'Algérie sur un piédestal d'où elle ne peut plus descendre : *céréales*, *farines*, *semoules*, *liéges*, *tabacs*, *lins*, *laines*, *soies*, *cotons*, *vins*, *huiles*, *bois*, etc., toutes richesses désormais acquises au pays.

Nous ne répéterons pas ce que d'autres plumes plus éloquentes que la nôtre ont dit avant nous.

La production algérienne est donc surabondamment constatée.

Nous nous bornerons à donner ici un résumé succinct de la valeur des objets soumis à l'examen du jury de la 3me section.

Céréales.

La véritable richesse du pays repose, sans conteste, sur les céréales qu'il nous fournit. C'est par elles que nous commencerons. Plus de *cent* exposants se sont présentés. Le jury a eu à examiner des qualités qui souvent pouvaient entrer en balance, et ce n'est qu'après le plus sévère examen qu'il s'est prononcé.

Farines et semoules.

L'ordre naturel nous amène à parler des farines et des semoules.

14 exposants étaient en lutte.

Nous devons citer les produits de :

MM. Burgay aîné, colon à l'Oued Atmenia ;

Lavie père et Lavie Pierre fils ;

Et enfin Brunet, de Marseille, à qui l'Algérie doit en bonne partie l'impulsion donnée à l'exploitation en France de ses blés durs.

Tabacs.

Les tabacs sont largement représentés à notre exhibition provinciale. Plus de *cinquante* concurrents se sont mis sur les rangs, et la beauté d'une partie des produits a frappé le jury.

Ce serait peut-être ici le cas de répéter les paroles de M. Charles Dupin, président du jury central de l'exposition de 1849.

« L'Algérie livre aujourd'hui (1849) à l'Etat 300,000
« kilogrammes de tabac. Que le gouvernement dise un

« mot, et ce sera 30 millions..... Et nos marins les
« porteront en France, sans être écrasés par une con-
« currence d'armateurs américains. »

Nous sommes convaincus que le commerce offrira tout le débouché voulu à ce produit, le jour où la culture du tabac et sa manipulation seront généralement mieux entendus.

Lins.

L'article *lins*, représenté par 18 exposants, a spécialement attiré l'attention du jury.

M. Monchain, de Lille, nous a montré toutes les richesses de ce textile, en nous menant progressivement depuis le lin en tige jusqu'au linge de table ouvré et damassé de la plus grande finesse. Tous les produits intermédiaires ont trouvé place dans son exhibition.

Grâce à cet industriel, il nous est donné de connaître aujourd'hui tout le parti qu'on peut tirer d'une richesse improductive jusqu'à ce jour.

Si l'on considère que la culture du lin est nouvelle pour le pays, quels résultats n'est-on pas en droit d'en espérer dans l'avenir ?

Soies.

Les efforts tentés partout pour la régénérescence de la sériciculture s'accusent par les produits exposés.

Les soies cultivées par nos colons sont appréciées par les grandes fabriques de France.

Ici, malheureusement, comme partout ailleurs, la maladie a atteint le ver, et, malgré les insuccès qui ont été des conséquences inévitables de ce fléau, les éducateurs ne se sont pas découragés. — On ne peut donc que rendre le plus grand hommage à cette persévérance, qui sera couronnée des plus heureux succès, le jour où disparaîtra cette maladie dévastatrice.

Cotons.

La culture du coton se développe à son tour en espèces estimées. — Nous n'avons pas compté moins de 25 candidats aux primes offertes.

Le coton, qui, jusqu'à ce jour, semblait ne devoir réussir complètement que sur le littoral, a cependant de grandes chances de succès dans le Sahara. M. Dufourg, de Biskra, l'a prouvé par son envoi, lequel, quoique résultant d'une plantation tardive, ne présente pas moins cependant un mérite remarquable.

Laines.

C'est avec un vif regret que le jury a dû constater l'absence ou à peu près des laines à l'exposition. Sept producteurs seulement se sont fait inscrire, et si l'on en excepte les toisons envoyées par madame Jacquot (sœur Ursule), de Bône, rien n'a paru de nature à frapper l'attention de la commission.

Cette abstention est peut-être moins le résultat de l'indifférence que des difficultés qu'ont dû éprouver bon nombre de producteurs éloignés pour faire arriver leurs produits.

Vins.

L'œnologie algérienne est venue, elle aussi, prendre

une large place à ce concours, et nous sommes convaincus que nos vinificateurs redoubleront d'efforts et de courage en présence de leurs succès.

Si nous avons compté 21 exposants pour les vins de la colonie, le temps n'est pas éloigné où nous pourrons constater un rapide accroissement dans le nombre des producteurs, convaincus qu'ils sont aujourd'hui que là encore l'Algérie leur offre une nouvelle source de richesse.

Pépinières.

Le jardin d'acclimatation d'Alger nous montre une riche collection de légumes secs, de tubercules, de fruits très-recherchés, de plantes oléagineuses, et nous fait voir toutes les ressources que peut nous procurer le climat de l'Algérie.

Les pépinières de Medeah, de Bône, de Philippeville, de Guelma, de Constantine, nous ont mis sous les yeux leurs collections de plantes industrielles, légumineuses, tinctoriales, et nous montrent quelques spécimens des végétaux exotiques; leur développement nous permet de voir que la culture de ces plantes n'est plus douteuse et quel service ils rendront un jour à la colonie.

PROCÈS-VERBAL

DE LA

DISTRIBUTION DES PRIX ET MÉDAILLES

PREMIÈRE DIVISION.

PRIME D'HONNEUR

Une coupe d'argent de 1,000 fr.
Et une somme de 1,000 fr.

A M. Campocasso, ancien élève de Grignon, directeur-gérant de la ferme de Medjez-Amar (Guelma).

Médaille d'or : M. Fages, à Aïoum Saad, commune de Condé, section de Bizot, pour ses plantations et sa prairie.

Médaille d'argent et 300 fr. à Ali ben Saïd, chez M. Barnoin, vallée du Bou Merzoug, pour bons et utiles services dans la même ferme depuis l'année 1848.

Médaille d'argent et 200 fr. à Siefert (Georges), chez M. Gentil, aux Ouled-Rhamoun, pour bons et utiles services depuis neuf années.

Médaille de bronze et 100 fr. à chacun des dénommés ci-après, employés à la ferme de Medjez-Amar, en récompense de leurs services et sur la présentation du directeur de cette exploitation :

Émile Luce,
Jean Puddu,
Alexandre Welsch.
Alem Isidore.

DEUXIÈME DIVISION.

ANIMAUX REPRODUCTEURS ET AUTRES

1ʳᵉ Classe. — **ESPÈCE CHEVALINE.**

CATÉGORIE UNIQUE. — **Race indigène pure.**

1ʳᵉ Section. — Juments poulinières suitées.

1er prix : une médaille d'or et 500 fr. à Mohamed ben Abdallah Gaba, cercle de Tebessa, Constantine.
2e prix : une médaille d'argent et 250 fr. à Ali bel Arbi, caïd à Aïn Beïda, Constantine.
3e prix : une médaille de bronze et 100 fr. à El Hadj Mohamed ben el Hadj Ahmed, bach-agha de la Medjana.

2ᵉ Section. — Poulains.

1er prix : une médaille d'argent et 200 fr.
2e prix : une médaille de bronze et 150 fr.
3e prix : une médaille de bronze et 100 fr.
(Non décernés.)

3ᵉ Section. — Pouliches.

1er prix : une médaille d'argent et 200 fr. à Abdallah ben Azzouz, cercle de Bordj bou Areridj, Constantine.
2e prix : une médaille de bronze et 150 fr. ; non décerné.
3e prix : une médaille de bronze et 100 fr. ; non décerné.

2ᵉ Classe. — **ESPÈCE MULASSIÈRE.**

1ʳᵉ Section. — Baudets reproducteurs.

1er prix : une médaille d'argent et 200 fr.

2e prix : une médaille de bronze et 100 fr.
non décernés.

2e Section. — ANESSES

Propres à faire des baudets pour la reproduction des mulets de trait.

1er prix : une médaille d'argent et 200 fr.
2e prix : une médaille de bronze et 100 fr.
(Non décernés.)

ANIMAUX HORS CONCOURS

Pour absences de déclaration.

JUMENTS POULINIÈRES SUITÉES.

Mention très-honorable à Bou Akkaz ben Achour de Ferdjioua, Constantine.
1re mention honorable à Amar ben Chadi, de Telarma, Constantine.
2e mention honorable à Hassein ben Hamed, du Khroubs, Constantine.

POULAINS.

Mention honorable à Lalla ben Rennouchi, de Telarma, Constantine.

POULICHES.

Mention honorable à Chérif ben Djali, de Telarma, Constantine.

BAUDETS.

Mention honorable à Laïfa beni Khelef, de Telarma, Constantine.

3ᵉ Classe. — **ESPÈCE BOVINE.**

1ʳᵉ CATÉGORIE. — **Race indigène.**

1ʳᵉ Section. — Taureaux.

1er prix : une médaille d'argent et 400 fr. à M. Ribes Jean, de Fesdis, Constantine.
2e prix : une médaille de bronze et 300 fr. à M. Rimbert, Oued Dekri, Constantine.
3e prix : une médaille de bronze et 200 fr. à Tsar ben Srir, de la smala d'Aïn Abessa, Constantine.
Mention honorable à M. Cavin Louis, au Khroubs, Constantine.

2ᵉ Section. — Vaches.

1er prix : une médaille d'argent et 200 francs à M. Marroc Marius, vallée du Bou Merzoug, Constantine.
2e prix : une médaille de bronze et 100 fr. à M. Cavin Louis, au Khroubs, Constantine.
3e prix : une médaille de bronze et 50 fr. à M. Fages Barthélemi, Bizot, Constantine.
1re mention honorable à M. Méneroud Régis, au Khroubs, Constantine.
2e mention honorable à M. Lalanne Jean-Justin, Bizot, Constantine.

3ᵉ Section. — Génisses.

1er prix : une médaille d'argent et 150 fr. à M. Marroc Marius, vallée du Bou-Merzoug, Constantine.
2e prix : une médaille en bronze et 100 fr. à M. Fages Barthélemi, Bizot, Constantine.
3e prix : une médaille de bronze et 50 fr. à M. Messerlig Chrétien, vallée du Bou-Merzoug, Constantine.
Mention honorable à M. Ribes Jean, Fesdis, Constantine.

2ᵉ CATÉGORIE. — **Races de toute provenance.**

1ʳᵉ Section. — TAUREAUX DE RACE LAITIÈRE.

1er prix : une médaille d'argent et 300 francs; non décerné.
2e prix : une médaille de bronze et 200 fr. à M. Estrade, de Gastonville, Constantine.

2ᵐᵉ Section. — VACHES LAITIÈRES.

1er prix : une médaille d'argent et 200 fr.
2e prix : une médaille de bronze et 100 fr.
(Non décernés.)

4ᵒ CLASSE. — **ESPÈCE OVINE.**

1ʳᵉ CATÉGORIE. — **Race mérinos pure.**

1ʳᵉ Section. — BÉLIERS.

1er prix : une médaille d'argent et 200 fr. à M. Marnat-Verna- del Guillaume, à Constantine.
2me prix : une médaille de bronze et 100 fr. à M. Duchange Joseph, au Kroubs, Constantine.

2ᵐᵉ Section. — BREBIS PAR LOTS DE DIX.

1er prix : une médaille d'argent et 200 fr.
2me prix : une médaille de bronze et 100 fr.
(Non décernés.)

2ᵐᵉ CATÉGORIE. — **Race indigène.**

1ʳᵉ Section. — BÉLIERS INDIGÈNES.

1er prix : une médaille d'argent et 200 fr. à M. Percheron, à l'Oued-Yacoub, Constantine.

2me prix : une médaille de bronze et 100 fr. à M. Rimbert, à l'Oued Dekri, Constantine.
Mention honorable à Ali ben Hameida, à la Smala d'Aïn-Abessa, Constantine.

2me Section. — BREBIS PAR LOTS DE DIX.

1er prix : une médaille d'argent et 200 fr. à M. Rimbert, à l'Oued-Dekri, Constantine.
2me prix : une médaille de bronze et 100 fr. à M. Percheron, à l'Oued-Yacoub, Constantine.

3e CATÉGORIE. — **Métis croisés**.

Section unique. — BREBIS PAR LOTS DE 10.

1er prix : une médaille d'argent et 200 fr. à M. Duchange Joseph, au Kroubs, Constantine.
2me prix : une médaille de bronze et 100 fr., non décerné.

5e CLASSE. — **ESPÈCE PORCINE.**

1re CATÉGORIE. — **Races diverses**.

1re Section. — VERRATS.

Prix unique : une médaille d'argent et 100 fr. à M. Rimbert Jules, à l'Oued Dekri, Constantine.
Mention honorable à M. Marseille Joseph, au Kroubs, Constantine.

2e Section. — TRUIES SUITÉES.

Prix unique : une médaille d'argent et 100 fr. à M. Marseille Joseph, au Kroubs, Constantine.

2ᵉ CATÉGORIE. — **Race anglaise.**

1ʳᵉ Section. — VERRATS.

Prix unique : une médaille d'argent et 100 fr. à M. Rimbert Jules, à l'Oued Dekri, Constantine.

2ᵉ Section. — TRUIES SUITÉES.

Prix unique : une médaille d'argent et 100 fr. à M. Rimbert, à l'Oued Dekri, Constantine.

6ᵉ CLASSE. — ANIMAUX DE BASSE-COUR.

Médaille de bronze et 100 fr. à M. Grivet, au Kroubs.
    id.   et 90 fr. à M. Fages Barthélemy, à Bizot.
    id.   et 75 fr. à M. Marroc Marius, au Kroubs.
    id.   et 60 fr. à M. Scheineder Louis, à Madjiba.
    id.   et 50 fr. à M. Lalanne Jean Justin, à Bizot.
    id.   et 25 fr. à M. Cavin Louis, à Chirat.
                                Constantine.

TROISIÈME DIVISION

INSTRUMENTS AGRICOLES.

1re SECTION. — EXPOSANTS DE L'ALGÉRIE.

1re SOUS-SECTION. — Travaux d'extérieur.

1° Meilleure machine à élever l'eau.

1er prix : une médaille d'argent et 150 fr. ;
Rappel de prix à M. Perrin, de l'Agha, Alger.
2e prix : une médaille de bronze et 100 fr., à M. Perrin de l'Agha, Alger, pour sa pompe petit modèle.

2° Charrues.

1er prix : une médaille d'or et 200 fr., à M. Fawtier, Constantine.
2e prix : une médaille d'argent et 100 fr., à M. Bannerot, Rivoli, Oran.
3e prix : une médaille de bronze et 50 fr., à M. Albert Darru, Chebli, Alger.
Mention très-honorable à la Smala d'El Méridj, M. le capitaine Alviset, commandant, Constantine.
Mention honorable à M. François, Beni-Méred, Alger.

3° Charrues sous sol.

Prix unique : une médaille d'argent et 100 fr. à M. Fawtier, Constantine.

4° Charrues vigneronnes.

Prix unique : une médaille d'argent et 100 fr. à la Smala d'El Méridj, M. le capitaine Alviset, commandant, Constantine.

Mention honorable, M. Bannerot, de Rivoli, Oran.

5° Extirpateurs.

Prix unique : une médaille d'argent et 100 fr. à M. Fawtier, Constantine.

6° Herses.

1er prix : (herses fortes), une médaille d'argent et 100 fr.; non décerné.
2e prix : (herses légères), une médaille de bronze et 50 fr., à M. Merle des Isles, Saint-Charles, Constantine.

7° Rouleaux.

Prix unique : une médaille d'argent et 100 fr.; non décerné.

8° Semoirs.

Prix unique : une médaille d'argent et 100 fr., non décerné.

9° Houes à cheval.

Prix unique : une médaille d'argent et 100 fr. à M. Fawtier, Constantine.

10° Buttoirs.

Prix unique : une médaille de bronze et 50 fr. à M. Fawtier, Constantine.

11 Machines à faucher les prairies naturelles et artificielles.

Prix unique : une médaille d'or et 250 fr.; non décerné.

12° Râteaux à cheval.

Prix unique : une médaille d'argent et 100 fr.; non décerné.

13° Machines à moissonner.

Prix unique : une médaille d'or et 300 fr.; non décerné.

14° *Harnais propres aux usages agricoles.*

Prix unique : une médaille de bronze et 50 fr. ; non décerné.

15° *Collection d'instruments à main pour les travaux extérieurs.*

Prix unique : une médaille de bronze et 50 fr. ; non décerné.

16 *Pompes à purin.*

Prix unique : une médaille de bronze et 50 fr., à M. Perrin, de l'Agha, Alger.

17° *Ruches.*

Prix unique : une médaille d'argent et 100 fr., à M. Bœnsch, de Kouba, Alger.

Instruments non prévus au programme.

18° *Collection d'instruments aratoires.*

Médaille d'argent à M. Lalanne, de Bizot, Constantine.

19° *Chariots-Tombereaux.*

Médaille de bronze à la Smala d'El Meridj, M. le capitaine Alvizet, commandant, Constantine.

2° SOUS-SECTION. — **Travaux d'intérieur.**

1° *Machines à fabriquer les tuyaux de drainage.*

Prix unique : une médaille d'argent et 100 fr., non décerné.

2° *Collection d'instruments pour le drainage.*

Prix unique : une médaille de bronze et 50 fr., non décerné.

3° *Locobatteuses à vapeur.*

Prix unique : une médaille d'or et 300 fr., non décerné.

4° Locomobiles à vapeur.

Prix unique : une médaille d'or et 300 fr., à M. Bichot, à Philippeville, Constantine.

5° Machines à battre à manège.

Prix unique : une médaille d'or et 300 fr., à M. Fawtier, Constantine.
Mention honorable à M. Gentil, aux Ouled Rhamoun.

6° Tarares.

1er prix : une médaille d'argent et 100 fr., à M. Guigue, à l'Agha, Alger.
2e prix : une médaille de bronze et 50 fr., à M. Fawtier, Constantine.
Rappel de prix à M. Tamé, à Béni-Méred, Alger.

7° Cribles trieurs.

1er prix : une médaille d'argent et 100 fr., non décerné.
2e prix : une médaille de bronze et 50 fr., à M. Chevalié, Alger.

8° Machines à broyer et à teiller le lin.

1er prix : une médaille d'argent et 200 fr.
2e prix : une médaille de bronze et 100 fr.
(Non décernés.)

9° Pressoirs.

Prix unique : une médaille d'argent et 100 fr., non décerné.

10° Coupe-racines.

Prix unique : une médaille de bronze et 50 fr., M. Fawtier, à Constantine.

11° Hache-paille.

Prix unique : une médaille de bronze et 50 fr., à M. Lalam Bizot, Constantine.

12° Barattes.

Prix unique : une médaille de bronze et 50 fr., à la Smala d'El-Méridj, près Tébessa, Constantine (M. le capitaine Alviset, commandant.

13° Egrenoirs à maïs.

Prix unique : une médaille de bronze et 50 fr. ; non décerné.
Mention honorable : à M. Campocasso, de Medjez-Amar, près Guelma, Constantine.

14° Machines à égrener le coton.

1er prix : une médaille d'argent et 200 fr., à M. Monteil, de Blidah, Alger.
2e prix : une médaille de bronze et 100 fr., à M. Nielli, de Philippeville, Constantine.

15° Collection d'instruments et menus ustensiles d'intérieur de ferme.

Prix unique : une médaille de bronze et 50 fr. ; non décerné.

16° Prix commun aux deux sous-sections : Au propriétaire qui exposera la meilleure et la plus riche collection d'instruments.

Prix unique : une médaille d'or (grand modèle), non décerné.
Mention honorable à M. Samson, à Chirat, Constantine. (Hors concours.)

Instruments non prévus au programme.

17° Balance pour peser le bétail.

Prix unique : une médaille d'or à M. Torri fils, Alger.

Mention honorable à M. Mercadier, professeur de mathématiques et de physique au collége de Constantine, pour un instrument destiné à la vérification et au lever des plans (hors concours).

2ᵉ SECTION. — EXPOSANTS HORS L'ALGÉRIE.

1ʳᵉ SOUS-SECTION. — Travaux d'extérieur.

1° *Meilleure machine à élever l'eau.*

1er prix : une médaille d'argent et 150 fr., à M. Peltier jeune de Paris, Seine.
2e prix : une médaille de bronze et 100 fr. ; non décerné.

2° *Charrues.*

1er prix : une médaille d'or et 200 fr., à M. Cazeaux Jean, de Magron, Landes.
2e prix : une médaille d'argent et 150 fr. au même, pour une charrue d'un autre modèle.
3e prix : une médaille d'argent et 100 fr., M. Peltier jeune, de Paris, Seine.
4e prix : une médaille de bronze et 50 fr. ; non décerné.

3° *Charrues sous-sol.*

Prix unique : une médaille d'argent et 100 fr., non décerné

4° *Charrues vigneronnes.*

Prix unique : une médaille d'argent et 100 fr., à M. Peltier jeune, de Paris, Seine.

5° *Extirpateurs.*

1er prix : une médaille d'argent et 100 fr. à M. Peltier jeune, de Paris, Seine.
2e prix : une médaille de bronze et 50 fr. ; non décerné.

6° *Herses.*

1er prix : (herses fortes), une médaille d'argent et 100 fr. à M. Cazeaux Jean, de Magron, Landes.
2e prix : (herses légères), une médaille de bronze et 50 fr. à M. Peltier jeune, de Paris, Seine.

7° *Rouleaux.*

1er prix : une médaille d'argent et 100 fr.
2e prix : une médaille de bronze et 50 fr.
non décernés.

8° *Semoirs.*

Prix unique : une médaille d'argent et 100 fr.; non décerné.

9° *Houes à cheval.*

Prix unique : une médaille d'argent et 100 fr. à M. Peltie jeune, de Paris, Seine.

10° *Butoirs.*

Prix unique : une médaille de bronze et 50 fr., à M. Cazeaux à Magron, Landes.

11° *Machines à faucher les prairies naturelles ou artificielles*

1er prix : une médaille d'or et 250 fr. à M. Peltier jeune, de Paris.
2e prix : une médaille d'argent et 150 fr.; non décerné.
3e prix : une médaille de bronze et 100 fr.; non décerné.

12° *Râteaux à cheval.*

Prix unique : une médaille d'argent et 100 fr., à M. Peltier jeune, de Paris.

13° *Machines à moissonner.*

1er prix : une médaille d'or et 300 fr., à M. Peltier jeune, de Paris.
2e prix : une médaille d'argent et 150 fr.; non décerné.
3e prix : une médaille de bronze et 100 fr.; non décerné.

14° *Harnais propres aux usages agricoles.*

Prix unique : une médaille de bronze et 50 fr.; non décerné.

15. *Collection d'instruments à main pour les travaux extérieurs.*

Prix unique : une médaille de bronze et 50 fr.; non décerné.

16° *Pompes à purin.*

Prix unique : une médaille de bronze et 50 fr.; non décerné.

17° *Ruches.*

Prix unique : une médaille d'argent et 100 fr.; non décerné.

2e Sous-section. — TRAVAUX D'INTÉRIEUR.

1° *Machines à fabriquer les tuyaux de drainage.*

Prix unique : une médaille d'argent et 300 fr.; non décerné.

2° *Collection d'instruments pour le drainage.*

Prix unique : une médaille de bronze et 50 fr.; non décerné.

3° *Locobatteuses à vapeur.*

1er prix : une médaille d'or et 300 fr.
2e prix : une médaille d'argent et 150 fr.
3e prix : une médaille de bronze et 100 fr.
(Non décernés.)

4° *Locomobiles à vapeur.*

1er prix : une médaille d'or et 300 fr.
2e prix : une médaille d'argent et 150 fr.
3e prix : une médaille de bronze et 100 fr.
(Non décernés.)

5° *Machines à battre à manège.*

1er prix : une médaille d'or et 300 fr., à M. Maréchaux, de Montmorillon, Vienne.
2e prix : une médaille d'argent et 150 fr., à M. Damey, de Dôle, Jura (M. Albert Darru, représentant).
3e prix : une médaille de bronze et 50 fr. ; non décerné.

6° *Tarares.*

1er prix : une médaille d'argent et 100 fr., à M. Peltier jeune, de Paris.
2e prix : une médaille de bronze et 50 fr., à M. Maréchaux, Montmorillon, Vienne.
Rappel de prix à M. Presson, de Bourges, Cher.

7° *Cribles-Trieurs.*

1er prix : une médaille d'argent et 100 fr., à M. Presson, de Bourges, Cher.
2e prix : une médaille de bronze et 50 fr., non décerné.

8° *Machines à broyer et à teiller le lin.*

1er prix : une médaille d'argent et 200 fr., à MM. Lecoute frères, de Morlaix (Finistère).

2e prix : une médaille de bronze et 100 fr. ; non décerné.

9° *Pressoirs.*

Prix unique : une médaille d'argent et 100 fr. ; non décerné.

10° *Coupe-racines.*

Prix unique : une médaille de bronze et 50 fr., à M. Presson, de Bourges (Cher).

11° *Hache-Paille.*

Prix unique : une médaille de bronze et 50 fr., à M. Peltier jeune, de Paris, Seine.

12° *Barattes.*

Prix unique : une médaille de bronze et 50 fr., non décerné.

13° *Egrenoirs à maïs.*

Prix unique : une médaille de bronze et 50 fr., à M. Cazeaux, de Magron, Landes.

14° *Machines à égrener le coton.*

1er prix : une médaille d'argent et 200 fr., non décerné.
2e prix : une médaille de bronze et 100 fr., à M. François Durand, de Paris, Seine.

15° *Collection d'instruments et menus ustensiles d'intérieur de ferme.*

Prix unique : une médaille de bronze et 50 fr. (Non décerné.)

QUATRIÈME DIVISION

PRODUITS AGRICOLES

ET MATIÈRES UTILES A L'AGRICULTURE

Blés durs.

Médaille d'or, M. Grima François, à Philippeville, Constantine.
Médaille d'argent, M. Nicolas Jacques, à Guelma, Constantine.
Médaille de bronze, M. Percheron, à Oued-Yacoub, Constantine.
Mention très-honorable, Pénitencier d'Aïn-el-Bey, Constantine (hors concours).
Mention honorable, M. Marroc Marius, vallée du Bou-Merzoug, Constantine.

Avoine.

Mention honorable, M. Marnat-Vernadel, Constantine.

Orge.

Médaille d'argent, M. Marroc Marius, Bou-Merzoug, Constantine.
Médaille de bronze, Mohamed ben Hassen, Tebessa, Constantine.
Mention honorable, Smala du Tarf, Constantine.

Seigle.

Médaille de bronze, M. Tournier Jean-Marie, El Ouricia, Constantine.
Mention honorable, Pénitencier d'Aïn-el-Bey, Constantine (hors concours).

Maïs.

Médaille de bronze, M. Portelli François, Philippeville.
Mention honorable, M. Lucet Marcel, Constantine.

Farines.

Médaille d'argent, MM. Lavie père et Lavie Pierre fils, Constantine.
Médaille de bronze, M. Martin, à Sétif, Constantine.
Mention très-honorable, M. Perès, à Batna, Constantine (hors concours), farine de blé dur et de blé tendre.
Mention honorable, M. Burgay aîné, à Oued-Atmenia, Constantine.

Semoule.

Médaille d'argent, M. Burgay aîné, à Oued-Atmenia, Constantine.
Médaille de bronze, MM. Lavie père et Lavie Pierre fils, Constantine.
Mention très-honorable, M. Brunet Joseph, Marseille.

Haricots.

Médaille de bronze, M. Lalanne Jean-Justin, à Bizot, Constantine.
Mention honorable, M. Borne Toussaint, à Constantine.
Mention honorable, M. Tournier Jean Marie, à El Ouricia, Constantine.

Fèves de marais.

Mention très-honorable, M. Taboni Joseph, à Philippeville, Constantine.
Mention honorable, M. Bayada Joseph, à Philippeville, Constantine.

Lentilles.

Médaille de bronze, M. Marseille, El Massine, Constantine.
Mention honorable, M. Lalanne Jean-Justin, Bizot, Constantine.

Pois chiches.

Médaille de bronze, M. Marseille, El Massine, Constantine.
Mention honorable, M. Grima François, Philippeville, Constantine.

Petits pois.

Médaille de bronze, M. Lalanne Jean-Justin, Bizot, Constantine.
Mention honorable, M. Marseille, El Massine, Constantine.

Pommes de terre.

Médaille d'argent, M. Leturc, Batna, Constantine.
Médaille de bronze, M. Lucet Marcel, Constantine.
Mention honorable, M. Borne Toussaint, Constantine.
Mention honorable, M. Roumier Emile, Soukharas, Constantine.

Betteraves.

Médaille de bronze, M. Percheron, Oued Yacoub, Constantine.
Mention honorable, M Rimbert, Oued Dekri, Constantine.

Culture maraîchère.

Mention honorable, M. Grima François, Philippeville, Constantine.

Fruits frais.

Médaille d'argent, M. Portelli François, Philippeville, Constantine.

Mention honorable, M. Borne Toussaint, Constantine.
Mention honorable, M. Lalanne Jean-Justin, Bizot, Constantine.

Miel et Cire.

Médaille de bronze, M. Taboni Joseph, Philippeville, Constuntine.
Mention honorable, M. Bœnsch Albert, Kouba.

Tabacs en feuilles.

Médaille d'or, M. Knenegel, Saint-Antoine, Constantine.
Médaille d'argent, M. Salah ben Touami, aux Zerdezas, Constantine.
Médaille de bronze, M. Cabaton Gervais, Jemmapes, Constantine.
Mention très honorable, Sœur Ursule Jacquot, Bône, Constantine.
Mention honorable, M. Portelli François, Philippeville, Constantine.

Tabac en poudre.

Mention honorable, Ali Bey ben Ferats, Touggourt (hors concours), Constantine.

Tabac manufacturé.

Médaille de bronze, à Bakri et compagnie, à Alger.
Mention honorable, à M. Audureau, Constantine (hors concours).

Liége en planches.

Médaille d'argent, à M. Alfred de Cès-Caupenne, Jemmapes, Constantine.

Bouchons de liége.

Mention honorable, à MM. Lucy et Falcon, Jemmapes, Constantine (hors concours).

Garance.

Médaille de bronze, à M. Fanbon, Bizot, Constantine.
Mention très-honorable, à M. Marseille, El-Massine, Constantine.
Mention honorable, à Ali-Bey ben Ferats, Tougourt, Constantine.

Poterie indigène.

Mention très honorable, au Pénitencier d'Aïn-el-Bey, Constantine (hors concours).

Collection d'ouvrages en sparterie et feuilles de palmier.

Médaile d'argent, à M. Leturc, à Batna, Constantine.

Pain de fantaisie.

Mention honorable, à M. Politano Sébastiano, Constantine (hors concours).

Vins rouges et vins blancs.

Médaille d'argent, à M. Allemand Joseph, Milianah, Alger.
Médaille de bronze, à MM. Benoît Jacques frères, à Rivoli, Oran.
Mention très-honorable, à MM. Foacier de Ruzé et Samson (hors concours).
Mention honorable, à M. Grima François, Philippeville, Constantine.

Vinaigre.

Mention honorable, M. Courvoisier Benjamin, Alger.

Olives.

Mention honorable, M. Dufourg, Biskra, Constantine.

Huile d'olive.

Médaille de bronze, MM. Lavie père et Lavie Pierre fils, Constantine.
Mention honorable, M. Dumergue, propriétaire, Aix, Bouches-du-Rhône (hors concours).

Herbiers.

Médaille d'argent, M. Durando, Alger.
Médaille de bronze, M. Lallemant, Alger, herbier de plantes officinales.
Mention très-honorable, Département de la Somme, herbier de plantes fourragères (hors concours).

Essences, parfumerie et savons.

Médaille de bronze, M. Ycardi, Alger.
Mention honorable, M. Perrot de Chamarel, Boghar, Alger.

Résine, brai et goudron.

Médaille d'argent, M. Perrot de Chamarel, Boghar, Alger.

Couveuses pour vers à soie.

Mention très-honorable, M. Cuoq, menuisier, Constantine (hors concours).

Cocons.

Médaille d'or, M. Roumier Emile, Soukharas, Constantine.
Médaille de bronze, Sœur Ursule Jacquot, Bône, Constantine.
Mention très-honorable, Madame Peretti, Batna, Constantine.
Mention honorable, Lemaire Ernest, Kroubs, Constantine.

Soie grège.

Mention très-honorable, Chambre de Commerce de Constantine (hors concours).

Lin. — Collection de lins manufacturés de l'Algérie.

Médaille d'or, Monchain, Lille, Nord.

Lins en tiges et teillés.

Médaille d'argent, Lavie François, Guelma, Constantine.
Médaille de bronze, Plactevœt, Bône, Constantine.
Mention très-honorable, Wallet Alexandre, Philippeville, Constantine.
Mention honorable, Cès-Caupenne (Alfred de), Jemmapes.

Cotons.

Médaille d'or, Grima François, Philippeville, Constantine.
Médaille d'argent, Vallier, Alger.
       Id.   Smala du Tarf.
Médaille de bronze, Portelli François, Philippeville, Constantine.
Médaille de bronze, Dufourg, Biskra, Constantine.
Mention honorable, Monteil, Blidah, Alger.

Laine en suint.

Médaille de bronze, Sœur Ursule Jacquot, Bône, Constantine.
Mention honorable, Foacier de Ruzé et Samson, Constantine (hors concours).

Bois de cèdre en grumes, équarri, en madriers, en plateaux et en planches, provenant de la forêt de Belezma.

Médaille d'argent, Prudhomme Jean-Louis, Constantine.

CONSTANTINE. — TYPOGRAPHIE ET LITHOGRAPHIE DE V° GUENDE.

www.ingramcontent.com/pod-product-compliance
Lightning Source LLC
LaVergne TN
LVHW020108100426
835512LV00040B/1921